自信的力量

[德] 米苏夫人 著
张影 译

青岛出版集团 | 青岛出版社

Madame Missou ist schlagfertig
© 2017 GABAL Verlag GmbH, Offenbach
Published by GABAL Verlag GmbH
Simplified Chinese Language Translation Copyright © (Year of Publication)
by Qingdao Publishing House Co., Ltd.
Arranged through CA-LINK International LLC. (www.ca-link.cn)

山东省版权局著作权合同登记号　图字：15-2021-234
图书在版编目（CIP）数据

自信的力量 /(德) 米苏夫人著；张影译. — 青岛：
青岛出版社，2022.1
　ISBN 978-7-5552-2796-0

Ⅰ. ①自… Ⅱ. ①米… ②张… Ⅲ. ①自信心 – 通俗读物 Ⅳ. ①B848.4-49

中国版本图书馆CIP数据核字(2021)第189594号

书　　名		**自 信 的 力 量** ZIXIN DE LILIANG
著　　者		[德] 米苏夫人
译　　者		张　影
出版发行		青岛出版社
社　　址		青岛市崂山区海尔路182号（266061）
本社网址		http://www.qdpub.com
邮购电话		0532-68068091
策　　划		周鸿媛　王　宁
责任编辑		王　韵
特约编辑		孔晓南
封面设计		毕晓郁
照　　排		青岛乐道视觉创意设计有限公司
印　　刷		青岛双星华信印刷有限公司
出版日期		2022年1月第1版　2022年1月第1次印刷
开　　本		32开（710毫米×1000毫米）
印　　张		3.5
字　　数		40千
书　　号		ISBN 978-7-5552-2796-0
定　　价		29.80元

编校印装质量、盗版监督服务电话　4006532017　0532-68068050
建议陈列类别：**心理自助　励志**

前言

谁不希望自己内心强大，游刃有余地生活，找到生活的平衡点呢？真正自信的人往往能达到这种境界。然而，只有少数人生来就自信十足，大多数人无法意识到自己的可爱和珍贵。

尤其是当生活给了我们当头一棒，我们却无处可逃的时候，我们常常会感到崩溃，变得更加怀疑自己。因此，我们需要学会认清自我，学会自我关怀、照顾自己。

我尝试过很多方法来建立自信，获得内心的满足感。在这本书中，我想给你介绍一下建立自信的十个步骤，这些步骤能够帮助你成为一个自信的女人。

我建议你通过这十个步骤来发现自我的独特之处，认清自己的优势和价值，学会欣赏自己，肯定自己，让自己变得友好且自信。如果你能将这十个步骤成功付诸实践并融会贯通地使用，渐渐地把这些做法变成一种习惯，你就能逐步扩大自身优势，变得越来越自信。

　　不好意思，我还没有做自我介绍：我是米苏夫人。对我而言，端着一杯拿铁和我最好的朋友闲谈，就足以让我感到幸福！

　　现在言归正传：**请你期待生活中每个灵光乍现的瞬间和他人给你的鼓舞人心的建议，因为它们能帮助你变得更加自信、迷人，更加从容不迫，乐观地面对生活。**

米苏夫人

目录

建立真正的自信——无惧生活中的任何挑战的基础   1

自信心是可以培养的   12

建立自信的十个最重要的步骤   18

- 认清自己的优势   21
- 进行自我激励   30
- 让正面思考成为一种习惯   41
- 采用标杆分析法寻找身边的榜样   53

- 为自己而战　　　　　　　　　60
- 对完美主义说"不"　　　　　67
- 定期给自己放个假　　　　　71
- 学会说"不"　　　　　　　　74
- 你远比自己想象中的更强大　82
- 找到你的忠实支持者　　　　85

总结　　　　　　　　　　　　90

结语　　　　　　　　　　　　98

建立真正的自信——无惧生活中的任何挑战的基础

成功人士和受欢迎的人有一个共性：**他们的独立和自信散发着迷人的魅力**。他们稳定的高自尊能给我们一种可靠和值得信赖的感觉，让我们有安全感和信心。我们愿意和这样的人待在一起，因为他们的自信会感染我们，让我们相信，当自己遇到困难时可以信赖他们，他们能找到更好的解决问题的办法。

画重点

不管是在职场中还是在日常生活中，自信都能让人充满魅力，是成功的基石。

充满自信的人总能得到商业伙伴的青睐、领导的赏识、团队的认可和朋友的信任。他们的亲朋好友都会自然而然地被他们身上的这种自信吸引和感染。

充满自信并且觉得自己无所不能的感觉非常美妙。自信的人从不计较鸡毛蒜皮的小事，因为他们能认清自己的价值，将自己的精力放在真正重要的事情上，行事果敢。自信能让人稳步前行，持久如一地坚持自我。

如果缺乏自信会怎样呢?

看到上面这个问题,也许你的脑海中已经浮现出了自己曾经无比自卑和萎靡不振的样子。这种状态可能转瞬即逝,也可能会持续很长一段时间。几乎每个人都曾有过这样的状态。处于这种状态时,人们通常会做出如下两种选择:要么与自卑心理对抗;要么自我麻痹,逃避现实。

你是会选择与自卑心理对抗,还是会逃避现实?

不同的性格特点和人生阅历会导致人们本能地做出不同的选择。有的人选择与自卑心理对抗，为了证明自己而立刻采取各种行动；有的人则选择自我麻痹，逃避现实，远离挑战。可惜这两种做法都不是长久之计，都无法让人变得强大而自信。

在大多数情况下，陷入自卑情绪、觉得自己无能的人会本能地制订策略，进行"反抗"。理由显而易见：谁能长期忍受自卑心理的折磨，承认自己无能呢？你是否也能想到一些策略呢？我能想到一些，但是这些策略大多无法达到理想的效果，从长远来看，甚至会适得其反。人在自卑的状态下常常会陷入以下两种误区：要么自命不凡，要么在自卑和自傲中徘徊。这两种误区会让人渐渐迷失自我或过度膨胀。人们往往容易把武断专横和过度膨胀与真正的自信混为一谈。

一意孤行、自命不凡的人到头来往往事与愿违，这种性格的人喜欢挑衅他人，太过争强好胜，容易激化矛盾。而无病呻吟、自怜自艾的人往往会缩手缩脚，为了避免争论，他们会拒绝与他人沟通。这种性格的人总是会将自己封闭起来，以便远离一切形式的冲突。这种做法看似会让他们活得更轻松，但从长远来看，他们容易变得消沉、孤僻、自闭。

只要拥有真正的自信和独特的个人魅力，就不至于落入这两种境地中。过度膨胀和怨天尤人、逃避现实都无法让人的内心获得持久的满足感，只有真正地相信自己才可以。

耐心一点！改变往往是循序渐进的，不可能一蹴而就，但是为了变得更自信而努力是值得的，因为从长远来看，自信、内心笃定的人会变得越来越独立和优秀。

我的建议：

不要把宝贵的精力浪费在毫无意义的事情上，你应该全身心地投入真正有助于增强自信的事情中。

真正强大的女人
深知自身的价值。

自信心是可以培养的

怎样才能变得自信呢？通过研究名人和身边的人的经历，我发现，想变得自信是要讲究策略的。这些策略可能并不会让我们在短时间内完全改变，得到巨大的提升，但是会让我们随着时间的推移获得真正的永久的自信，并且拥有强大的个人魅力。通过观察我们可以发现，**真正强大的女人深知自身的价值**。她们知道在陷入人生低谷时如何不迷失自我，在面临冲突时如何保持淡定，以及如何保持从容不迫的生活态度。

我花了很多时间和精力来观察那些自信心超强的人，试图找到他们自信的秘诀。我发现，

自信的程度与自我认同、自我接受的程度息息相关。你可以通过提高自我认同和自我接受的程度来变得自信。

　　自信的人往往了解自己和自己内心的真实想法，清楚自己的优势和劣势在哪，知道自己想要什么，会竭尽全力地去争取自己想要的东西。当然，他们也有自己的原则和底线，懂得适可而止，决不强求。

　　最重要的一点是：自信的人无须伪装自己。他们勇于承认自己的错误，不会过于脆弱，有很强的安全感。不，应该说他们的内心足够笃定。这与他们充满自信是分不开的。

你知道哪些女强人呢?

戴安娜王妃（Diana Spencer）

阿莉塞·施瓦策尔（Alice Schwarzer）

米歇尔·奥巴马（Michelle Obama）

总而言之，自信的人通常具有三种特质：有自知之明，情绪稳定，内心强大。这些特质看起来有点抽象，你需要通过实践来获得更深刻的认识。随着时间的积累，在实践过程中，你或许还能找到其他更好的认识自己、使自己内心更强大的方法，你也会变得越来越有气场和魅力。

现在，到了开始实践的时候了！

建立自信的十个最重要的步骤

当然,建立稳定而牢固的自信需要一个循序渐进的过程,自信不可能像电脑界面上的对话框那样,点击一下鼠标就弹出来。建立自信的过程就好比是一场愉快的徒步旅行,你要一步一个脚印地朝着目的地前进,沿途中遇到的有趣的人或事、美丽的景色都是你的收获,都能让你成长。你可以把获得的小成就一个个记录下来,这样能让你收获更多的乐趣,变得更加自信。在这个过程中,你会变得越来越渴望突破自我。

在建立自信的道路上,我曾尝试过各种各样的方法,并从中总结出了最有效的方法。**在这本书中,我将告诉你建立稳定而牢固的自信的十个最重要的步骤。**

如果你按照我说的这十个步骤来做，并将相关的理论知识融入实践中，你就会变得更加自信。你会发现，在尤里卡效应的影响下，这十个步骤中的一些步骤能让你即刻发生显著的变化。当然，也有一些步骤需要经过长期的实践才能奏效。但有一点是毋庸置疑的，那就是建立自信的过程会让你乐在其中。不仅如此，当你取得了一些进步后，这些进步还能够激励你继续前进，然后你就会变得越来越自信，越来越独立，从而形成良性循环。

让我们一起来看看建立自信的十个步骤吧！

 ## 认清自己的优势

想要自我激励，为自己而战，首先要有清晰的自我认知。

如果让你列举好朋友的优点，你肯定能轻松地说出很多，这说明你能认清朋友的优势。当然，你也能列举出他们的缺点。对自己也应该如此：你应该了解自己的才能和特长，认识到自己有哪些不足之处。问题是，我们常常能够原谅他人的缺点和不足，却总是对自己苛求完美。

建立自信离不开对自己能力和优势的肯定和认可。你是不是有时会嫉妒他人的能力或外表？这说明你还没有完全挖掘出自己的优势和闪光点，对自己的能力和加分项还没有充分的认知。例如：很多女性无法察觉到自己具备出众的语言天赋和杰出的工作能力。

认清并强化你的优势。

可惜的是，世俗的看法常常会左右女性的想法：拥有一头浓密的卷发的女性常常觉得自己不够时髦，身材丰满的女性总是希望自己能更纤细一点，而苗条的女性则总觉得自己缺了点女人味。

当然，你也有出色的一面。
回顾一下你的优势，并把它们写下来。

我的优势

我的建议：
　　你可以问问其他人对你的看法。例如：请你的好朋友们说出你的优点，然后记住他们说的就行啦！

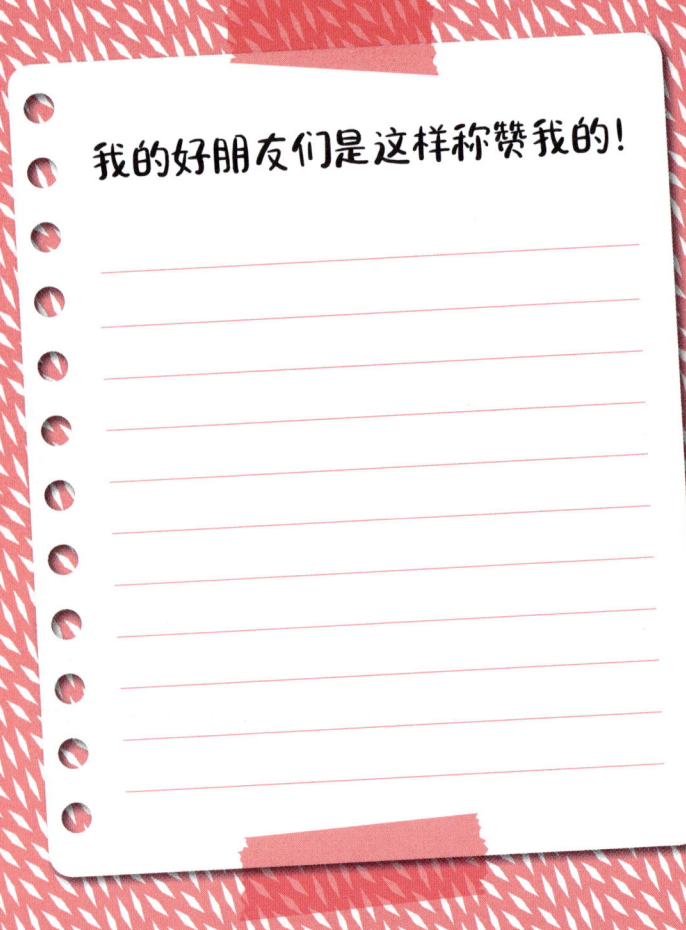

如果你只能看到他人身上的优点，却看不到自己身上的闪光点，说明你有点自卑。**请记住：每个人都是有个性的、独一无二的，都有自己的闪光点，你需要做的就是认清自己的优势，并且逐步扩大这些优势。**

　　如果你总是关注自己的缺点，那么你要尽快改变这种思维方式，认识到自己的价值，懂得如何发挥自己的优势。**只有当你能认清并有意识地强化自身的优势时，你才能不断向前，越来越自信。**这就好比你在着装的时候有意突显自己纤细的腰部或完美的腿部线条，或是展示出自己白皙的皮肤和富有光泽的秀发。总之，你最喜欢自己哪一点就展示哪一点！

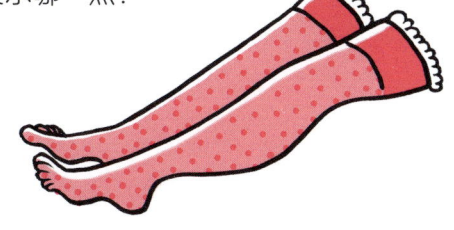

平时,在和他人交谈的过程中,你可以通过将话题转移到自己特别熟悉的领域的方式来突显你的优势。参与小组讨论时,你也可以有意地主导话题的走向。如果旅游和运动是你最熟悉的话题,为什么不和别人聊聊这些呢?

总之,你要认清自己的优势并不断扩大这些优势,还要将自己的优势展示出来。暂且不要考虑自己的不足之处。请记住:没有人是无所不能的,即使是最优秀的人也无法通晓万物。归根结底,我们都是平凡的人类。

 ## 进行自我激励

进行自我激励有利于我们化自卑为自信。我曾在一本专业杂志上看到过这样一种说法：研究表明，我们中的绝大多数人内心都住着一个"批判家"，我们每天都忍受着"他"的指责。在我们还没有意识到"他"的存在时，"他"就已经在对我们评头论足了。

危险的是，即使意识到了这个"批判家"的存在，我们也会觉得这是理所当然的。不幸的是，住在我们内心的这个"批判家"可是一个不折不扣的完美主义者。在"他"看来，我们做什么都是错的，都可以做得更快或是更完美一点，我们也可以变得更好或是更坚定一些。总之，眼下的一切都是不完美的。

我的建议：

　　一旦与自己内心的这个"批判家"和解，我们就在建立自信的道路上迈出了重要的一步。

你可以好好想一想：

- 你做事真的总是**慢半拍**吗？
- 你真的没有**成功地**做过任何一件事吗？
- **坦率地说**，你真的像你内心的"批判家"说得那么不上进、不友好和令人难以忍受吗？

之前我已经提到过，住在我们内心的这个"批判家"是一个完美主义者。实际上，"他"的想法完全是错误的。人无完人，不可能事事都做到完美无缺，正如生活本身也并不完美。况且追求完美真的是我们的终极目标吗？

我们暂且不谈追求完美是否有意义，先来看看建立自信的第二步：**尽可能多地进行自我激励。**

自我激励
对建立自信很有帮助。

也许一开始我们会觉得有些困难，但是坚持自我激励会让我们变得更加自信和强大。我们应该养成自我激励的习惯，每次取得一些小成就时都不忘肯定自己。无论是独处还是在他人面前，无论是在心里默默地说还是大声说出来，称赞自己都能激励我们变得更好。是的，我们应该多称赞自己！当我们在日常生活中完成了一些小任务、解决了一些小困难时，我们应该对自己说："我做得很棒！"

当我们精心布置好餐桌时，我们应该为自己的劳动成果感到高兴并肯定自己的能力；当我们在职场上首次顺利完成一个项目时，我们应该对自己说："我真是太棒了！"即使我们还有很大的进步空间也没关系，从现在开始，让我们把**"不要责备自己，而要多称赞自己"**当作自己的座右铭吧！

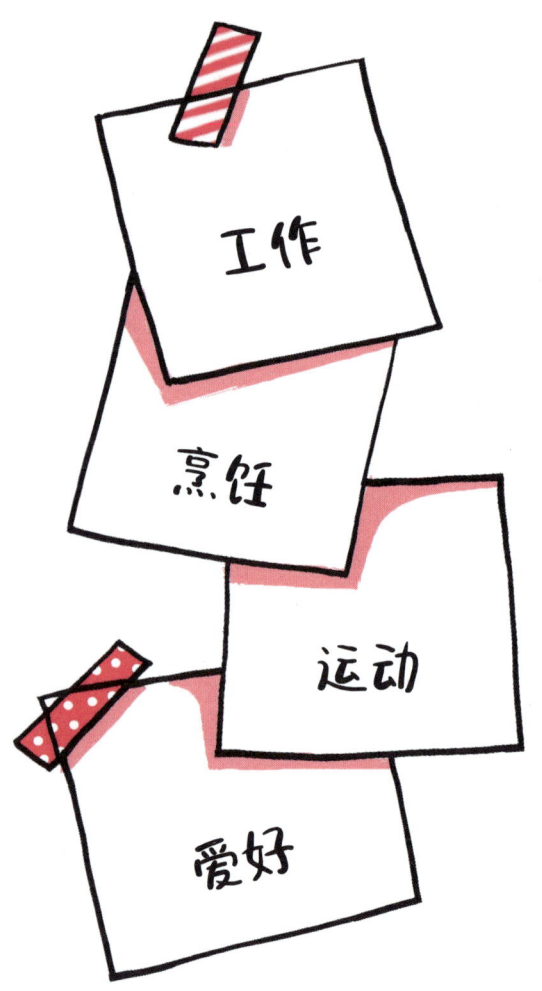

你今天完成了哪些任务？
最好马上写下来！

我今天完成了：

我的建议:

　　用积极的态度看待一切事物,不仅要善待他人,更要关爱自己。你才是自己人生中最重要的主角。

也许你会觉得，这种积极的态度只是一种伪装，或者说是一种过于乐观的表现。但是就我的个人经验来说，乐观的态度会对行为产生积极的影响。如果你的内心总有批判的声音响起，你一定要提醒自己不要被它左右。你应该给自己更多关爱和称赞，相信自己可以变得更加自信，也有能力决定很多事情。

此外，我还想提醒你：只要你正视自己的价值，在自我批评和自我表扬之间找到平衡，认真对待自己的行为、想法和感受，你就能欣然接受那些中肯的批评并进行改正，让自己变得越来越好。

正面思考！

 **让正面思考成为一种习惯**

我们需要分两个阶段来培养正面思考的习惯。养成正面思考的习惯之所以有利于建立自信,是因为我们常常对周围的人抱有期待,不管是与我们有直接接触的人还是我们所处的环境中的人。也许每个人都曾有过很多不好的回忆,比如在幼儿园的时候,那些我们自以为是好朋友的人突然和其他人一起来欺负我们。我也曾经因为意外出丑而被一帮小伙伴嘲笑。相信我,这绝不是什么美好的回忆。

这些回忆会给我们造成挥之不去的心理阴影,让我们久久难以释怀。更可怕的是,这些糟糕的回忆会一直留在我们的心底,陪伴着我们成长。即使现在的我们已经变得比以前更聪明、更谨慎、更强大,但是我们仍然会担心再遇到类似的情况，再次被欺骗、嘲笑、愚弄和贬低。此外，我们也会担心无法保护自己。由此可见，培养正面思考的习惯对建立自信至关重要。

别担心，我很清楚你不可能一下子就摆脱负面情绪，也不可能突然改变自己的想法，立刻变成一个无比积极、乐观的人。这就是为什么我建议分两个阶段来培养正面思考的习惯。

第一个阶段：你要对自己现有的能力时刻保持清醒的认识。

记住一件事：你可以保护自己。

作为一个成年人，与年少时的自己相比，你已经具备了更多的能力。

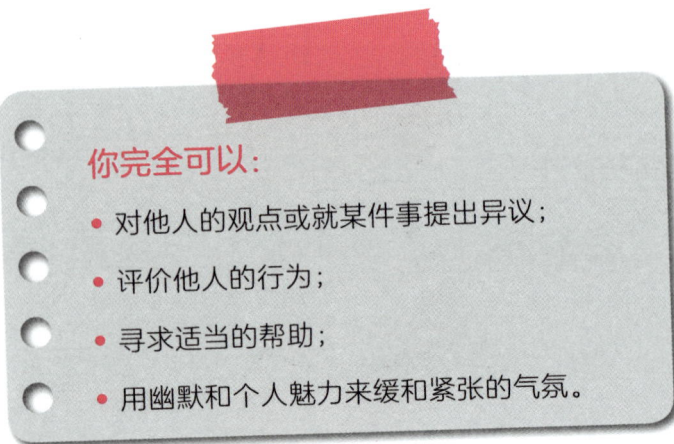

你完全可以：

- 对他人的观点或就某件事提出异议；
- 评价他人的行为；
- 寻求适当的帮助；
- 用幽默和个人魅力来缓和紧张的气氛。

如果你还没有成年，那么你也许还不具备这些能力。你可以想一想：自己有哪些专长？自己是不是一个高效和勤奋的人？

如果这些方法对你都没有帮助，你还可以做的就是避开那些难以相处的人，或者说尽量远离那些人，并且去寻找可以给你支持的友好的人。无论如何，如果有人对你不友好，现在的你能够拿出的应对方案的数量远远超过你的想象。因此，不要那么消极和悲观，你完全可以心无旁骛地将注意力集中在自己的能力和优势上，而不是可能会出现的失败上，这样你会变得越来越强大。

第二个阶段和你周围的人有关。在这里,我想先给你讲一个与此有关的小故事:

> 从前有个人从帕特雷去雅典旅行。到了雅典的城门口,他问一个流浪汉:"雅典的市民是什么样的,他们热情好客吗?"流浪汉反问他:"那帕特雷的市民是什么样的呢?"旅行者回答道:"帕特雷的市民很友好。"
>
> 于是流浪汉说道:"那么雅典的市民也很友好。"

这个故事告诉我们：我们看到的世界大多和我们所预想的一样。

想一想，如果你戴着有色眼镜看周围的人会发生什么情况？不出意外的话，我们常常会发现情况和我们预想中的一样。但是要知道，绝大多数人无法单纯地用"好"或"坏"来下定义，也无法用"善良"或"不善良"来概括，那样太片面了，其实大多数人都是复杂的，有多面性的。

当你把目光聚焦于周围的人好的一面时，你就会对他们放下戒心，和他们相处时就会更加自然和自信一点。试试看，你一定可以从这个过程中得到乐趣和惊喜。

这让我想起我最喜欢的故事之一——《借锤子》。你可能已经看过这个故事，但是我觉得它和我们的话题非常契合，所以我还是想再讲一次。这个故事是这样的：

从前,有个人想去邻居家借一把锤子。走到邻居家的门口,他突然想到上次见到邻居时对方好像没有跟自己打招呼。这个人心想:他是不是对我有意见?为什么见面都不打招呼?他是不是不喜欢我?我只是想借个锤子而已,就是不喜欢我也可以把锤子借给我啊!他越想越生气,就使劲地拍邻居家的门。邻居把门打开了,没等邻居说话,这个人就非常愤怒地对邻居高声喊道:"我只是想问你借个锤子而已,你为什么不借给我?"

这就是"自证预言"的力量。自证预言在心理学上是一种常见的现象,意思就是我们的想法会影响到我们的做法。我们可以利用这种现象来进行自我激励,从而增强自信。

画重点

如果你用善意的眼光去看待这个世界,凡事往好的方面想,你会发现,你对自己和他人最好的期许都会成真。

找到适合自己的标杆。

 ## 采用标杆分析法寻找身边的榜样

标杆分析法是企业常常使用的一种分析方法，其实它对个人来说也很有效。标杆分析法指的是将自己和从事该项活动的最优者做对比，通过向最优者学习，找到改进的方法，以弥补自身的不足。最优者往往有属于自己的一套做事方法，在个人领域，你完全可以借鉴他们的方法，不用担心被说成是抄袭。

你最好找一位总是能独立应付各种挑战的人当作自己的榜样。

比如你的母亲，或是你身边其他让你非常钦佩的，看起来总是能应付生活中的种种挑战的人。

面临挑战时，你应该问问自己：

- 在这种情况下，我可以把谁当作榜样呢？
- 被我当作榜样的这个人可以应对这个挑战吗？
- 如果她是我，她会怎么做呢？
- 她会怎样解决这个困难，又会以怎样的态度处理此事呢？
- 她可能会用怎样的语气说话？
- 她在与他人交谈时，会在多大程度上敞开心扉呢？
- 她在与他人交谈的过程中是亲切友好的还是严厉的呢？

这样做并不是让你去模仿他人的一言一行，而是让你将自己想象成一个实干家，锻炼独立自主地解决问题的能力，这一点是很重要的。你在思考上面这些问题的过程中可以感到茅塞顿开，自然而然地就能想出行之有效的解决方案。

如果你的身边恰好有一些能够做你的榜样的人，那就再好不过了。你可以根据自己的观察总结这类人的特点，从中你能学到很多解决问题的方法。这种方法对我来说特别有用。不要担心这么做会让你失去个性，我建议你采用这种方法只是为了帮助你开阔眼界，你始终是你自己。

我的建议:

你可以把采用标杆分析法的过程当作玩游戏。你越是这么想,越是能快速掌握它,从而变得更自信。有针对性地尝试新的策略并感受到它的作用能为你带来很多乐趣。

我的榜样

我支持你!

 ## 为自己而战

也许你与很多人一样，认为为他人付出是一种伟大、高尚的行为。当然，这的确是一种伟大、高尚的行为。帮助他人能给我们带来快乐，使我们变得更强大，激励我们做越来越多的好事。这是无可非议的。

然而，为自己而战也是我们每个人肩负的使命，**这个使命至少与为他人付出同等重要**。我的意思并不是说我们应该时时刻刻以自我为中心，而是说如果想培养自信，我们就不能总是忽略自己的感受。

每个人都会有自卑情绪，这种情绪通常是由内心的焦虑不安导致的。如果我们坦诚地面对自己，也许会发觉，学会为自己而战对我们大有裨益。重视自己的感受并且能将这种意识展现出

来也是需要勇气的。过去,我常常表现得十分谦逊和善良,并为自己是如此谦逊和善良的人而感到"高兴"。但是你知道吗?有时,我的内心其实是难过和沮丧的,甚至还有点愤怒。这种经历对我来说很苦涩。

现在就出发吧,学会为自己而战!这需要耗费很多精力和能量,我非常清楚这一点。但是请相信,在这个过程中,你取得的每一个小小的进步都是值得肯定的、有价值的!

积跬步之功,
成千里之行。

如果你每次都能有意识地为自己发声，而不是让自己成为别人的背景板，这种行为就会被你的大脑记住。随着时间的推移，这种行为会变成一种下意识的行为，你就能更轻松自如地维护自己的权利，更积极地展示自己的优势。你会变得越来越勇敢，相信我。

　　你既可以找信赖的人从简单一些的练习入手，学习如何为自己发声，也可以向闺密分享你的计划，希望她能给你提供精神上的支持。每当你摆脱自卑，勇于展示自己最真实的一面时，你的内心就会变得更强大一些。这是必然的！

自我肯定的练习情景

- 在与好朋友谈话的过程中充分表达自己的观点。
- 在听到他人的赞美时,坦诚地表露出欣喜之情,并真诚地感谢自己的努力。
- 在会议上大胆发言,用清晰的声音向他人陈述自己的观点。

我经历过的情景有:

保持冷静!

对完美主义说"不"

现在你觉得自己更自信一些了吗?太好了!下面我们趁热打铁,继续探索增强自信的方法。

想要增强自信,下一步,你要敢于对完美主义说"不",即**放平心态**,对生活中的不完美**泰然处之**。谁说一切都必须是完美的?不切实际的目标从来不会对生活有任何助益,这是我的经验之谈。对完美主义的执念会让生活失去原本的色彩。

当然,医生在接诊时必须做出准确无误的判断,飞行员在飞行过程中必须确保乘客的安全,做到万无一失。在这些关乎生命安全的行业中,我们必须全力以赴,把工作做到极致。但是,请认真想一想,我们生活中的一切都必须完美无缺吗?地上零星可见的食物碎屑或是花瓶旁掉落的花瓣真的有那么糟糕吗?我们的发型必须时刻保持完美吗？我们的着装必须始终无可挑剔吗？

如果你不事事苛求完美，而是**放平心态，泰然处之**，你肯定会变得更加自信。只要虚心承认自身的不足，坚信自己能够充分发挥自己的优势，你就能收获更多的快乐。你可能是一个技艺精湛的裁缝，但是对烘焙一窍不通；你可能擅长运动，但是没有音乐天赋……人无完人，你完全可以将更多的精力放在如何展示自己的优势上。无论如何，只要你善于发现自己的优势，把自己擅长的事做到极致，成为这个领域的专家，你就能充满自信，收获快乐。

画重点

没人能做到万事皆通晓，时刻保持最佳状态，时刻精致到无可挑剔，而且这些也并不是值得追求的目标。从长远来看，时刻保持完美是无法实现的，盲目追求完美本身就是一件很无聊的事。你只需要做自己，向世界展示你的优势就够了。

真正的强大来自
内心的安定与从容。

 **定期给自己放个假**

经常关注自己和放空自己的人可以获得足够的能量,变得自信和独立,内心也会更加从容。当你感到精疲力竭的时候,适当的休息能为你注入新的能量。

我的意思并不是让你无所事事,而是让你学会独处。你应该定期停下来审视一下自我,这是让你变得从容、自信和独立的理想途径。你既可以慵懒地靠在沙发上喝茶,也可以通过做瑜伽或冥想来获得内心的平静,还可以漫步在田野上、森林里和草地上……重要的不是方式和地点,而是你要知道这是只属于你的时间。在这段时间内,没有人能够打扰你,没有人可以占用你的时间、吸引你的注意力。

独处时，你可以把注意力完全集中在自己身上。这样做的好处是，**你可以利用这段时间充分意识到并认可自己的价值，从而增强自信。**就我个人而言，这种方法一直很有效。高水平的自信意味着你认可自己的内在价值，尤其是当你什么都没做，没有满足他人的任何要求，没有取悦任何人的时候，你还能认可自己的内在价值。

独处的时间长短并不重要，重要的是独处时你的所思所想。怎样度过独处时光、独处时光出现的频率取决于你的生活状态。你应该记住你有权随时停下脚步，歇歇脚，哪怕你是一个小孩子的母亲也不例外。

从独处中汲取力量，让自己变得更加强大。这就是你需要做的，就像每株植物的茁壮成长都离不开土壤、水、氧气、阳光和肥料一样。你应该看到自己的价值，不停给自己"充充电"，增强自身的能量。

 ## 学会说"不"

学会说"不"也是一门学问。也许很多时候你很想这样做,却很少能真的说出口。当有人向你寻求帮助时,你总是很快地说"好",内心却懊恼不已,因为如果帮助了他,你的计划就会被打乱。

为什么我们总是很快地说"好"呢?是因为相比于取悦自己,我们宁愿花更多的精力去取悦他人吗?如果是的话,为什么会这样呢?

我想,我们应该学会在真的想说"好"的时候才说"好"。在其他情况下,我们应该学会说"不"。

当然,很多事都是说起来容易做起来难。一开始,拒绝他人的请求肯定比答应他人的请求要难得多,但是这样做能使我们有更多的空闲时间,少一些烦恼和抱怨。这样做还能使我们保持心理平衡,避免不必要的压力。这并不意味着我们不关心他人,而是说我们的生活应该由自己而不是他人来掌控,否则我们很容易被他人的请求和要求裹挟。

画重点

在绝大多数情况下,自信的人懂得拒绝,知道自己的底线在哪。只有真的愿意的时候,他们才会答应别人的请求。

做自己人生的掌舵者!

如果因为不想承受拒绝所带来的后果而无法拒绝怎么办？

当然，在一些情况下你确实很难拒绝他人的要求。例如：如果老板让你加班，很多时候你是无法拒绝的。如果你并不乐意加班，并且因为不能直接拒绝而有些窝火，假装高兴地接受并不是最好的选择。你可以这样做：向老板表示虽然你本来没打算加班，但是如果他这样要求的话，你愿意加班。或许这也是一个为自己争取利益的好时机，比如你可以向老板申请第二天早点下班或者在下一个休息日前后调休。这样既表明了你愿意帮老板解决眼下的困难，又能让自己的心理平衡一些，不会有被剥削的不适感。

从长远来看，如果你能明确划定底线，让自己不会有被剥削的不适感，你的职场满意度会更高，自信水平也会更高，否则长此以往，你容易感到自卑和后悔。这种心理状态是有害的，因为它会在无形中破坏你和老板或同事的关系。

在私人关系领域也是如此。乍一看，太过温和的态度或太具有奉献精神或许有其积极的一面，但是从长远来看，这对大多数关系都是有害的，因为不管什么时候，只要你有被人利用和剥削的感觉，就会因此责怪对方，而这会破坏你与对方的关系和感情。

总而言之，不管是在工作场合还是在个人生活中，你都应该知道自己的底线在哪，并且平衡好工作和生活的关系。这样做能帮助你增强自信。

画重点

当然,始终以开放的心态去重要有内能和乐于助人非常重只你资源和待人接物是前提是:足够强大,的。利用自己的心量去帮助他人。

 你远比自己想象中的更强大

也许你目前正在经历这样一个阶段:觉得自己渺小而无力,极度缺乏自信。但是你要相信,即使是这样的你,也能够解决棘手的问题。如果你在职场中面临冲突,或者必须在家人的需求和个人的需求之间做出抉择,你会怎么做呢?

这时,你可以感受一下自己的潜能,回想一下自己拥有的技能。你可以问问自己:
- 我有没有曾经完成过自认为完成不了的挑战呢?

- 我曾经凭借自己的努力取得过哪些成功?
- 我曾在哪种情况下感到幸福,并对自己取得的成就感到非常满意?

    这样做可以让你回想起自己曾经取得过的成就。慢慢找回那时的感觉,你一定会从中得到鼓舞。你可以回顾一下当时的场景,回想当你遇到一个困难并战胜它之后,你的心情和感觉是怎样的。唤醒当时的感觉,重温成功后的心情,然后带着这种感觉和心情来面对新的挑战,你就会充满力量和动力,从而战胜新的挑战。

 **找到你的忠实支持者**

在建立自信的过程中,你无须独自前行。就像每个运动员都需要教练的指导一样,你随时都可以找一个能帮助你改变态度和行为的"教练"。我也曾处于不自信的状态,也曾从书本中得到过启发,向他人寻求过支持和帮助。

我们的每一次改变都需要力量和勇气。在改变的过程中,你极有可能在某些时候偏离周围的人以往对你的印象,他们可能会觉得你变得跟以前完全不同了。以往在面对冲突或自身的权益被侵犯时,你常常表现得很温和,甚至还有点优柔寡断。但是如今你已经学会更多地站在自己的立场上考虑问题,渴望被他人倾听,渴望为自己而战。在变化的过程中,你可能会遭遇他人的不理解甚至是冷言冷语,也可能会产生不安、害怕的情绪。我就曾经有过这种情绪,有一段时间,我整日忧心忡忡,生怕自己做了错误的选择或者反应过激。这些都是正常的。

在这个过程中,出于对安全感的渴求,你可能会想要恢复原来的行为模式。虽然原来的行为模式并不利于培养自信,但是它会给你带来安全感,而安全感正是人类最重要的基本需求之一。就我个人而言,我就很注重内心的安全感。然而,在恢复到原来的行为模式之前,你需要告诉自己:**一定会有其他更好的选择!**

找到你的精神支柱！

面对这种情况,你需要找到精神支柱!**你可以找一个或几个能够支持你的人,他们会肯定你的做法,支持你为自己而战。**

在建立自信的过程中,你需要不停地进行自我肯定,关爱自己。这时,一个好朋友或一个暖心的伴侣的陪伴和支持能让你事半功倍。

至少对我来说是这样的!

我的建议:
　　找一个你信任的人,把你的计划告诉他,让他监督你。
　　当你恢复到旧的行为模式时,他会提醒你,并激励你重新回到建立自信的道路上。

总结

让我们变得更自信一点！我再总结一下前文提到的要点：

第一点，内心真正强大的女人**深知自身的价值**，这是她们成功的秘诀。她们有自知之明，她们的自信与自我肯定和接受自己的个性密不可分。自信的人既知道自己的优势是什么，也知道自己的劣势是什么。重要的是要充分强化并发挥自己的优势。

第二点，正确对待住在你心里的"批判家"。人无完人，你不需要事事都追求完美。你内心的"批判家"常常过于吹毛求疵，而你需要做的是尽可能多地**称赞自己**。当你在自我批评和自我表扬之间找到平衡时，就会发现你已经能够正视自己的不足并有针对性地去改进它们。

第三点，你已经不再是小孩子了，**你的人生，你做主**。你可以对他人的观点或就某件事提出异议，评价他人的行为，向他人寻求适当的帮助，还可以用幽默和个人魅力来缓和紧张的气氛，化解危机。总而言之，不要待在自己的舒适圈里，你要激励自己破圈而出。**此外，你也可以借助自证预言的力量来实现自我激励。**

第四点，**寻找身边的榜样**。例如：你的榜样可以是你的一个总是能独立解决棘手问题的好朋友。这并不意味着让你去模仿别人，而是要你把自己当成一个实干家，锻炼独立制订行动方案的能力。你可以把这个过程当作在玩一个充满乐趣的游戏。

第五点，我们不仅要为他人挺身而出，也要对自己负责，**为自己而战**。两者至少是同等重要的。只有认清自己的优势，认可自己的能力，你才能建立稳定的自信。**你还要学着强化自己的优势。**

第六点,对完美主义说"不"。**放平心态,对生活中的不完美泰然处之。**坦然承认自身的不足,坚信自己能够充分发挥出自己的优势,解决各种各样的问题。这会使你看起来充满魅力。此外,这样做也可以帮你减压,因为你对自己的要求和期望越高,你的压力就会越大。

第七点,**定期给自己放个假**。这是让你变得从容、自信和独立的有效方法之一。这样做的好处在于,通过和自己独处,你可以感受到自己的价值。独处并不意味着孤独。要始终认可自身的价值,尤其是当你什么都没做,没有满足他人的任何要求,没有取悦任何人的时候。

第八点,**学会在真的想说"好"的时候才说"好"**。你的人生应该由自己而不是其他人做

主，否则其他人很容易对你提出各种无理的要求甚至控制你。自信的人的内心有一个衡量标准，他们知道自己的底线在哪，只有在真的愿意的时候，才会答应别人的请求。

第九点，如果你正处在一个觉得自己渺小又无力的阶段，但是又不得不解决眼下的困难，**那么请回想一下你曾经取得的成就，不管是大成就还是小成就。**唤起上一次战胜挑战时的成就感，这样可以让你重拾信心，克服眼下的困难。将这种成就感带入应对新挑战的过程中，它能赋予你力量和动力来战胜新挑战。

第十点，**找到你的精神支柱。**你可以找一个或几个人来见证你建立自信的过程。在这个过程中，精神支柱的激励作用会越来越明显。你也可以找好朋友、伴侣或者其他你信任的人来支持你。

我在建立自信的
过程中取得的成就

画重点

如果你能按照上面所说的十个步骤行事,并将与之相关的理论知识付诸实践,你就会变得更加自信、自爱。

结语

坚持到底就是胜利！

我希望你能从阅读本书的过程中获得乐趣，并从本书中找到适合自己的建立自信的方法。

请你永远记住，在变得更自信的道路上，你并不是一个人。只有极少数人天生就懂得自己的珍贵和可爱，而绝大多数人都需要在成长的道路上有意识地努力才能建立自信。

我在本书中介绍的这十个建立自信的步骤不仅适用于日常生活，也适用于职场。坚持到底就是胜利！只要你长期坚持贯彻落实这十个步骤，就会发现，自己正在变得越来越自信，做事越来越得心应手，从中获得的乐趣也越来越多。

我由衷地希望你能在通往成功和自信的道路上走得越来越顺畅！也许你无法立刻将我所

有的建议都付诸实践,没关系,你可以先从觉得容易的步骤入手来增强自信心。我相信你很快就能欣喜地发现自己的优势,认识到自己有多么强大。

　　现在,赶快向这个世界展示一下你的潜能吧!再会!

米苏夫人